野人

審定：顏聖紘 *(國立中山大學生物科學系副教授)*

作者序

大家好！我是 10 Seconds Class - 10 秒鐘教室的作者 Yan。我從小就很喜歡看漫畫，蠟筆小新、夢幻遊戲、閃靈二人組等都是我很愛的作品（順道一提，我最近迷上九井諒子老師的《迷宮飯》，真的是太好看了啦～）去年出了第一本書《10 秒鐘美食教室：秒懂！那些料理背後的二三事》之後，就一直思考著還可以用怎樣的方式呈現有趣的知識，此時突然一道靈光閃過（柯南？），對啊！我最喜歡的漫畫！如果能邊看有趣的漫畫，邊從裡面得到知識，那不就太棒了嗎？於是這本書就誕生了，也順便一圓我以前想當漫畫家的小小夢想♥

這本《如果生物課都這麼ㄎㄧㄤ！》是我很喜歡的動物主題，從學校、公司、愛情、家庭、超現實等不同面向，創作了許多角色的故事（登場人數超過 50 位！超級豪華的陣容！記得去書皮背面看看人物關係圖呦），畫的時候也覺得很開心，希望你在讀完這本書之後，除了心情紓壓外，也收穫有趣的小知識喔！

目錄

CHAPTER 1

「好特別」的同學們

大象不能跳？蝙蝠很愛呱呱叫？蛇為何老是瞪著大眼睛？紅鶴一定是紅的？同學們的特異功能真的很微妙……

誤會好大的服儀檢查 01

?

紅鶴天生就是紅的？

紅鶴又叫火烈鳥，人們對牠的第一印象往往來自那帶點橘又強烈的粉紅色。其實紅鶴並不是一出生時就是這個顏色的喔！

紅鶴寶寶是白中帶點灰色的喔！

啊…原來我小時候這麼白呀…

動物園在飼養紅鶴時發現，吃飼料的紅鶴竟然都不會變紅，才知道原來紅鶴變紅的祕密就藏在食物裡！野生的紅鶴以海草、蝦蟹、浮游生物為食，而許多蝦蟹中含有豐富的「beta 胡蘿蔔素」，這會促使紅鶴的毛色變紅。所以一生都沒吃到 beta 胡蘿蔔素的紅鶴就會是白色的呦！

我怕體能測驗 02

小翔，全班只剩你還沒考試了！
不情不願
蛤…一定要測驗嗎…
跳箱
哇啊！
全倒
跨欄
哎呀…
全倒
嗚嗚…我真是太沒用了…我不要活了…
沒關係啦！不會跳又怎樣？老師以前數學也都考零分啊！

大象跳得起來嗎？

跳躍對一般人來說，是非常簡單的一件事，
但對陸地上最大的哺乳類動物－大象而言，
卻是非常困難的！為什麼呢？

如果真的跳起來，大象也會受傷喔！

和大多數的哺乳類動物不同，大象負責跳躍的關節相當不靈活，而且以大象的體重來看，如果跳躍的話，墜地時四肢可能會因為無法承受身體重量而癱瘓喔！不過說真的，大象其實根本不需要跳躍啦！

還好我一生都用不到跳！

壞脾氣的阿福 03

小翔，今天要不要來我家玩？我買了新電動喔！
啊！好呀！今天也沒事⋯
阿姨好！打擾了⋯
小翔今天在我們家吃飯喔！
小翔要來怎麼沒先跟媽媽說？媽媽都沒準備耶！
阿姨！我沒關係⋯
那就去買菜啊！老太婆！
這孩子！怎麼這樣跟媽媽說話！
我⋯先回家了⋯
阿福！給我站住！
吵死了！

吵架王是誰？

一群蝙蝠聚集在一起時，常常發出高頻率的噪音，
就像在暴怒吵架一樣！牠們到底在說些什麼？
經過科學家的研究後，還真的找到了答案！

蝙蝠跟不同蝙蝠對話時音色也會隨之改變喔！

研究員搜集了 15,000 種蝙蝠叫聲進行分析，結果發現一牠們還真的大部分都在吵架！這些叫聲大致可分為四類：(1) 爭奪食物而吵 (2) 為了睡覺位置而吵 (3) 抗拒交配而吵 (4) 抱怨別人離牠太近。總之，蝙蝠還真的是什麼瑣事都能吵架呢！

好餓喔！我要吃飯啦！老太婆！
你說什麼！

你好沒禮貌 04

怎麼了，阿福？一臉悶悶不樂的樣子？
是阿涉啊…唉…我最近真的很多煩惱，很低潮…
我最近跟媽媽很常吵架，然後考試也考不好…
說出來會比較好喔！我可以當你的垃圾桶啊～
常常在想活著的意義是什麼…
吐舌
撲嚕撲嚕…
什麼嘛！人家在講正經事你在那邊！不講了！
怒
離場
咦…我剛剛有怎麼樣嗎…

舌頭幹嘛吐個不停？

你對蛇的印象是什麼？
光滑的身體，細長的瞳孔，還是那不斷吐出的分岔舌頭？
究竟，蛇為什麼會一直吐舌頭呢？

其實蛇不太會主動攻擊人類的喔！

不自覺地就想要吐舌頭～

其實，蛇的視覺與嗅覺並不太好，所以牠們透過吐舌來獲取訊息（又稱為蛇信）。每當蛇吐出舌頭時，尾端的分岔可以更有效的帶走空氣中的氣味分子，並在收起舌頭時將這些訊號傳回腦部。這些訊號可以是獵物的行蹤、交配對象的費洛蒙等等，使得蛇在追擊時，更準確地知道方向與來源喔！

豬隊友的作弊術 05

奧英早安~今天的模擬考，你準備得如何？
天啊！我完全忘了這件事！
我果然是一題都看不懂…
只好用這招了…
真拿你沒辦法！
我待會考卷會放離你近一點，你就偷瞄我的！
奇怪…
眼睛怎麼轉不過去啊…
焦躁
緊張
糟糕，時間要不夠了…好吧！
轉
哇…你這樣太明顯了啦！
你們兩個，考完來找老師！

誰的眼球無法轉動？

貓頭鷹有著圓滾滾的大眼睛，視力也是人類的好幾倍，
這是因為牠們的眼睛構造和人類截然不同，
嚴格來說，並不能稱為「眼球」，應該是「眼柱」喔！

為了保護珍貴的眼睛，貓頭鷹一般都有三層眼皮喔！

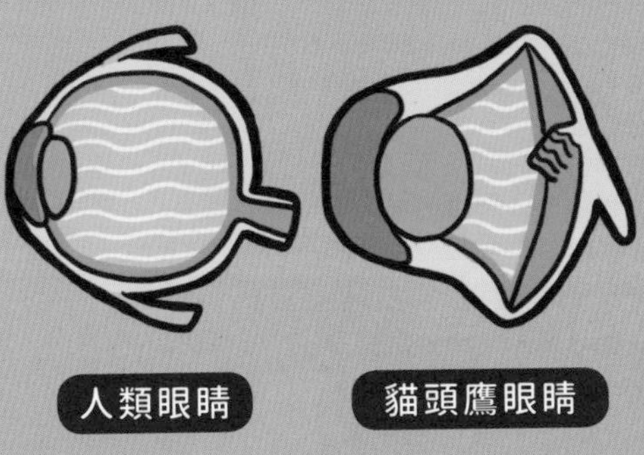
人類眼睛
貓頭鷹眼睛

貓頭鷹的眼睛具有許多的柱狀細胞，這意味著牠們在昏暗的光線下也能看得很清楚！不過因為這個構造，牠們只能直勾勾的看著前方，無法像人類一樣斜眼看人。不過對於腦袋可以 270 度旋轉的貓頭鷹來說，這也不是什麼大問題啦！

06 天黑請閉眼

大家！我們來玩殺手！有誰要一起玩？
好啊！好久沒玩了喔！
我加一！
我也要～
那開始了喔！天黑請閉眼…
好緊張喔！嘻嘻！
緊張
興奮
希望不要第一個殺我～
阿涉…你到底是要不要閉？
到底是要開始了沒？
不耐煩
都閉兩分鐘了耶！
我…我有在努力閉眼了…

睡覺可以不閉眼？

睡覺的時候閉上眼睛，對我們來說是再自然不過的事了，
不過有很多動物是張著眼睛睡覺的喔！
像蛇就是最好的例子！

根據統計，每五個
人之中就有一個人
會害怕蛇喔！

上課可以光明
正大睡覺啦～

與其說是不閉眼，倒不如說是根本沒有辦法閉眼！因為蛇的眼睛構造跟人類很不一樣，缺少了眼瞼的部分，所以自然是無法閉上的。不過蛇的眼睛上有一層特殊的保護膜，可以抵擋泥沙以及髒汙，所以即使不閉眼睛，眼珠也不會疼痛！另外大部分的魚類也因為沒有眼瞼，所以都是睜著眼睛睡覺的！

便便請沖水 07

好啊！又有人上廁所不沖水！
臭氣
熏天
到底是誰？我今天一定要把他揪出來！
哪是我啦！
不知道耶…
好啊！都沒人肯承認…
不是我喔…
靈光
乍現
慢著…！剛剛那個大便的形狀，好像是…
兇手就！是！你！戴世雄！
被發現了…
你的大便已經出賣你了！

方形便便是誰的？

澳洲除了無尾熊與袋鼠之外，還有一種奇特的動物—袋熊！
袋熊除了會將寶寶放在育兒袋裡撫養外，
更令大家驚奇的是，牠們的大便竟然是方形的喔！

袋熊裡最受大家喜愛的是塔斯馬尼亞袋熊喲～

出來的時候屁屁都有點痛…

袋熊大便方正且無臭，在澳洲當地除了會拿來當肥料之外，還被當成紀念品（有人會想買嗎？）。至於為何會大出這樣的大便呢？因為袋熊的消化系統十分緩慢，大便在腸胃中壓縮得非常乾燥，所以排出時也不會因為腸道的形狀而變成長條形。而方形的大便因為不會亂滾，還會被袋熊拿來標記領土呢。

誰偷了我的早餐 08

奇怪…我的早餐呢？
記得是放在講台上沒錯啊…
排很久才買到的說
老師！我來幫妳找吧！妳早餐是吃什麼？
啊！是朱美美呀，就是那家很有名的抹茶三明治啦～
嗅嗅
嗅嗅
老師，兇手就是他！
哇！我都吃完了妳也聞得到…
戴！世！雄！

誰是好鼻師？

說到嗅覺靈敏，你可能會想到狗狗，
其實，豬的嗅覺要比狗靈敏很多喔！

國外甚至有訓練豬來嗅地雷喔！

雖然嗅覺靈敏，但是太懶惰了啦～緝毒什麼的不適合我來做！

據說，法國人在尋找名貴的食材「松露」時，正是利用豬的靈敏嗅覺，在廣大的樹林裡找尋的！不過豬雖然很會找松露，卻也很會吃，有時候一找到松露，主人還來不及採集，一眨眼就被吃進豬的肚子裡了！而且豬的耐戰力不足，往往一、兩個小時就累了。而狗雖然嗅覺不如豬，但容易訓練、續戰力高，因此越來越多人以狗取代豬囉！

09 該叫爸還是媽？

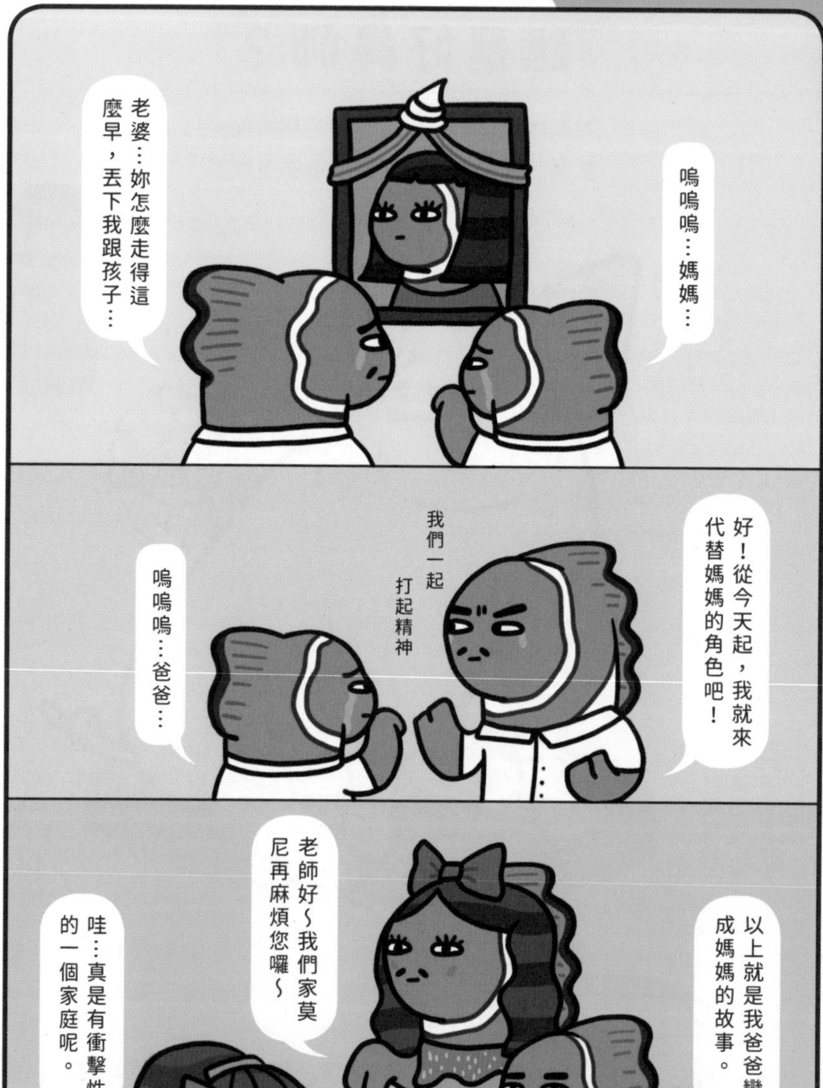
嗚嗚嗚…媽媽…
老婆…妳怎麼走得這麼早，丟下我跟孩子…
好！從今天起，我就來代替媽媽的角色吧！
我們一起打起精神
嗚嗚嗚…爸爸…
以上就是我爸爸變成媽媽的故事。
老師好～我們家莫尼再麻煩您囉～
哇…真是有衝擊性的一個家庭呢。

小丑魚可以性轉變？

說到小丑魚，許多人都會想到迪士尼的動畫「海底總動員」。
在當時還造成了一股飼養小丑魚的風潮！
不過在真實世界中，尼莫的爸爸可能會變成媽媽喔！

一般來說雌魚的
體型會比雄魚大
得多喔！

小丑魚是屬於母系社會的動物，一般一個群體中只會有一隻雌魚，而其他（包括生下來的寶寶）都清一色是雄魚。不過，在領導的雌魚去世或離開之後，雄魚中的老大就會來個「性轉變」，徹徹底底地變成雌魚，並擔任起傳宗接代的任務，可謂真正的「父代母職」呀！值得一提的是，這個轉變是不可逆的，一旦變成雌魚後，就不能再變回雄魚囉！

我穿起女裝也是滿
有模有樣的吧！

百萬猜謎挑戰賽 10

歡迎收看百萬猜謎挑戰賽，我是主持人何瑪麗～
白色這邊是我們的衛冕者—施丸！
大…大家好…
紅色是我們今天的挑戰者，來自蘑菇國中的朱美美同學！
製作單位什麼意思嘛？派了個國中生來PK我，還是隻豬呢，呵呵…
不好意思啦…小妹妹，哥哥我可是不會手下留情的…
恭～喜！朱美美同學壓倒性的獲勝！得到百萬元獎金！
320
57450

動物圈裡的學霸？

豬是一種評價相當兩極的動物，有些人覺得可愛，
卻也常常被拿來當作罵人的話，像是：「你跟豬一樣笨！」
但是，豬其實很聰明的喲！

豬的平均智力比一般的貓狗要高喔！

人…人家可是全校的學霸呢～

專家研究發現，豬不但一點都不笨，在全世界已發現的數十萬種動物中，牠的智力甚至可以名列前茅！牠們不但能辨識鏡中的自己、擅長長時間的記憶、闖迷宮、記得物品的位置、辨別簡單的形狀及符號，對於同伴間也會互相學習與合作！所以，當有人再罵你「像豬一樣笨」時，你或許可以反問他：「你真的了解豬嗎？」

被誤會的轉學生 11

各位同學，這是今天新來的轉學生，他叫劉摩王。
大家要好好跟他相處喔！
摩王，你先去那邊領你的書包和課本……
……啊
糟糕……！我忘記書包是紅色的！
我今天還特地穿黃色的說！
吼嘎！
聽說牛看到紅色都會發怒呀！
救命啊～
呀啊！
老師，我拿好了，請問我要坐哪裡？
淡定
咦……怎麼這麼平靜……啊，沒事，老師自言自語……

紅色讓牛發怒？

鬥牛是西班牙的傳統活動，鬥牛士揮舞著鮮豔的紅布，
而牛總會發狂似的朝紅布衝過去，
究竟，牛真的討厭紅色嗎？

西班牙會專門培育為了競技，生性兇猛的牛喔！

其實這是人們長久以來的誤會，因為牛根本看不到紅色！更明確地說，牛是屬於紅綠色盲，所以刺激鬥牛的，其實是揮舞的動作，而非紅色的布喔！至於為何鬥牛士都會選擇紅色的布，一方面也是因為紅色更能激起觀眾的熱情吧！不過，每年因為鬥牛造成許多傷亡，也有虐待動物的疑慮，許多地方都已經禁止了喔！

我看到的紅色會接近黃褐色喔！

CHAPTER 2

珍寫漢無限公司

負鼠裝死的技巧無敵高超；想買超甜水果請教蝴蝶姊就對了；被長相可愛的羊駝吐到保證後悔一輩子……公司裡的同事真的太妙了！！！

好神的超能力 12

我要去買拜拜用的水果，有人要一起去嗎～
啊！我跟妳一起去吧～
摸
摸
就買這個蘋果吧⋯⋯
慢著！
我擋
這間水果都不甜，我們去下一間吧！
什麼？妳剛剛做了什麼？告訴我嘛！蝶衣姊～
崇拜

？味道用摸的？

蝴蝶姿態美麗，是很多人喜歡的昆蟲，但你可能不知道，
牠們有一個特殊能力：只要摸一下，
就知道食物好不好吃！
這是怎麼辦到的？

原來，蝴蝶的味覺器官是在腳尖端的脛節及跗節上。因此當牠們在花朵上停留時，就可以藉腳來判斷食物是否能吃以及美不美味。另外，蝴蝶雖然是用長長的口器進食，但口器卻感受不到任何味覺喔！

就是愛裝死 13

淑莉，今天晨會輪到妳提報耶，妳準備得如何？
啊！糟糕～人家完全忘了這件事啦～怎麼辦？
淚眼汪汪
咦？檔案都跑不出來耶～我只好下次再提報了～
真會裝死…
今天真沒心情上班～我要來逛網拍，嘻嘻！
咦？但妳報表不是還沒做完嗎？
淑莉，這一季的報表做得如何了？
切
發哥，人家已經弄一上午了，還沒好啦～
真會裝死…

最擅長裝死的是？

常常裝死的同事你可能見過，
但自然界中可是有一種動物，
擅長的是名符其實的「裝死」喔！

負鼠裝死時，還會散發出類似屍臭的臭味喔！

科學家研究發現，北美負鼠在極度恐懼下，會產生「裝死」這樣的不自主行為。負鼠在裝死狀態時，除了身體躺下、嘴巴微張、心跳呼吸減緩外，還會從肛門排出類似屍臭味的綠色液體。由於許多捕獵者對於死亡的對象會失去興趣（甚至產生憐憫），負鼠就能因此逃過一劫囉！這樣的特技是不是十分迷人（？）呢？

咦？人家是真的什麼都不知道呀～才不是在裝死呢！

特異功能的總機小姐 14

耳朵可以自由關閉？

如果可以自由地關上耳朵，忽略那些不想聽的聲音，
是不是很讓人羨慕呢？
世界上還真的有一種蛙能做到喔！

這樣真的是太方便了！

我的世界真是清靜多了！

這種名為綠臭蛙的蛙，是中國的特有物種。科學家進行研究時，發現這種蛙不但耳朵是凹進身體裡面的，耳咽管還可以自由開闔！就像收音機一樣，綠臭蛙可以藉由耳咽管的開闔，只接收自己同伴的高頻率聲音，阻隔環境低頻噪音。利用這個特點，大幅增加牠們的適存度喔！

忘記帶午餐的求生術 15

狗改不了吃屎？

中文有句話叫作「狗改不了吃屎」，形容惡習難改。其實，還真的有不少狗會吃屎呢！究竟是為什麼呢？

家裡狗狗吃屎真的很讓人崩潰！
不雅畫面特效處理

掃掉是不是有點浪費…

研究發現，這可能與狗的演化史有關。狗媽媽在生小狗後，會舔小狗的肛門幫助牠們排便，而透過學習，有的小狗就會演變成吃屎的習慣。

裡面還好多料喔！吃一下吧！

而有些狗則可能是生病了。若狗的消化不良，導致糞便裡有大量未消化食物，也可能會引發狗吃屎的欲望。不過也有的狗只是因為無聊或異食癖而吃屎喔～

不幹最大！ 16

暴怒
驚
你這次交的這是什麼東西？太讓我失望了！
不是啊…發哥…我是照你說的改啊！
我說改你就改啊？你有沒有一點腦？
我叫你吃屎你也吃嗎？
現在的年輕人真的是！我們以前啊…
幫…幫我叫救護車…
呀！發哥！你沒事吧？
我不幹了。

別讓羊駝不開心！

羊駝長相可愛，深受許多人的喜愛，不過卻也有許多遊客在與羊駝接觸時，遭受牠的嘔吐伺候！到底是怎麼回事呢？

據說羊駝的吐臭到洗好幾次澡都洗不掉喔！
人家平常很溫馴的呦！

研究發現，羊駝在緊張、遭遇危險的時候，除了會發出尖銳聲音外，也用「嘔吐」來嚇阻敵人，這是草食動物的一種自我防衛方式。所以下次看到羊駝時，可不要太開心地手舞足蹈，否則可能會被牠們誤以為是挑釁，而遭到嘔吐攻擊喔！

發哥的會議時間 17

所以這個月的計畫⋯
發哥⋯你剛剛該不會都沒在聽吧？
摩拳擦掌
咦？我有在聽啊！
哎呀！不要生氣嘛～美女！會長皺紋喔！
⋯⋯
來來！喝杯茶吧～剛剛講得很好耶！
好吧⋯那我們繼續⋯
呼⋯其實剛剛都在打手遊，還好⋯

狗狗有愧疚感？

家裡的狗又闖禍了，令你勃然大怒，而當你板起臉孔大罵時，
牠們彷彿充滿著愧疚感，頭都不敢抬了。
此時你也心軟了。但，狗狗真的有愧疚感嗎？

狗狗雖然視覺沒那麼好，但很會認表情呦！

人家又不是故意的～

據統計，有 74% 的狗主相信他們的狗會有愧疚感。但這到底是主人的一廂情願，還是真的有科學證實呢？團隊先擺好食物，命令狗狗不准吃，主人離開後過一段時間再回來。結果發現，只要主人回來時氣呼呼的，即便狗剛剛沒有偷吃，也會擺出可憐的表情認錯。這是因為狗會紀錄人類表情帶來的後果，進一步選擇對自己比較好的作法。所以，很多狗狗會有怎麼打罵都教不會的感覺，其實牠們根本不知道你在生什麼氣啦！

假仙的雷鬼教父 18

各位同仁大家好～我是今天歌唱大賽的主持人蝶衣～
尾牙歌唱大賽
第一位登場的是我們最性感的總機—娃娃姊！
帶來的是這首夢醒時分～
娃娃姊！
太美啦！
再來是我們的甜蜜教主—蕾咪！
她今天選唱的是戀愛元氣彈～
我愛妳！
蕾咪！
最後這位，呃，他不願意透露自己的身分！
這不就是發哥嗎？
竊竊
讓我們歡迎這位雷鬼教父（自稱）的演出！
私語
竟然是發哥⋯⋯

雷鬼音樂是狗狗的菜？

音樂是生活中不可或缺的一件事，無論是抒情、
搖滾、電子，每個人都有自己偏愛的曲風，
不過，就連狗狗也有喜歡的音樂類型喔！

聆聽古典樂則可以幫助狗狗放鬆心情喔！

我年輕時也是很嘻哈的！

英國蘇格蘭格拉斯哥大學的生理學家 Neil Evans 及其團隊做了一個研究，播放了輕搖滾、流行、雷鬼和古典樂，然後紀錄狗狗的心率變異性、皮質醇水平和吠叫或躺下等行為，以測量緊迫程度。其中發現，播放到雷鬼音樂（Reggae）時，比起其他音樂更能激發狗狗的正向行為！目前這項研究也積極的擴展到其他動物上，希望未來可以透過音樂，改善動物的不良行為等。所以，音樂的力量真的是無遠弗屆呢！

想太多的出差大驚奇 19

沒有伴就不敢睡？

小時候的你，會不會因為害怕而不敢自己睡覺呢？
多了一個人一起睡覺，安全感頓時增加了不少。
斑馬也是很懂這個道理的動物喔！

站著睡，遇到敵人才來得及跑！

不過，斑馬不敢自己睡覺當然不是因為怕鬼啦！在非洲大草原中，隨時都要提防掠食者的出現，而斑馬本身並沒有什麼攻擊的能力，遇到危險時通常只能逃跑。所以一旦躺下睡著，可能就真的看不到明天的太陽了！所以斑馬通常都會與夥伴 2-3 隻一組，互相依靠著睡覺，這樣有什麼風吹草動才能彼此照應喔！

每天都睡不飽……

20 地震停電也不怕

好像有種不好的預感…
咦？是不是有…
這…這個感覺莫非是…
地…地震！好大啊！快跑！
慌亂
停電了！怎麼辦？你們在哪？
天啊！什麼都看不到啊！
救命呀！我資料還沒存檔耶！
大家快來！出口在這裡！
絕處逢生
得救了！妳真是我們的明燈！
蕾咪！有你在真是太好了～

貓能發射動感光波？

走在夜晚的街道上，遠遠地看到陰暗的角落
有一雙眼睛在發光，你可能就知道有隻貓在那裡了！
究竟，貓的眼睛為什麼會在黑暗中發光呢？

很多人認為這是外星人的象徵喔（笑）。

其實，這是因為在貓眼後方具有一個稱為「脈絡膜毯」(tapetum lucidum)」（或稱明毯、照膜）的光線反射層，能將光線反射回視網膜的細胞。所以，貓能善用微弱的光線，在黑夜中看清楚獵物。這個原理現在也應用在的顯微鏡、或是一些照相機上面喔！

好了！快給我住手！

一起去露營 21

今天是個風和日麗的日子，
也是我們期待已久的露營！
這趟旅行，我負責規劃行進路線⋯⋯
嗯嗯⋯⋯再來前面那棵樹右轉⋯⋯
認真
專業
蝶衣負責準備我們的伙食⋯⋯
馬上就可以吃了喔！
香氣
四溢
而蕾咪則是負責帳篷與睡袋⋯⋯呢？
我特地選了平常很愛睡的紙箱喔！

誰是紙箱狂熱粉絲？

新買了一個小窩給家裡的貓主子，但牠卻毫不賞臉，
反而一個轉身跳進用來包裝小窩的紙箱！
究竟，紙箱到底有什麼魔力呢？

不只貓咪愛紙箱，老虎、獅子都喜歡喔！

啊～這裡真舒服⋯⋯

荷蘭的獸醫將收容所的貓分為兩組做實驗：一組給牠們紙箱、一組沒有，結果發現，這兩組貓的緊迫程度出現了明顯差異。有紙箱的一組貓能更快適應新環境，並且更有興趣與人類互動。顯然地，密閉空間能讓貓感到放鬆，況且貓是一種「遇到問題先逃再說」的動物，因此小小的紙箱也成了絕佳的避難所。另外瓦楞紙是絕佳的隔熱材料，蜷縮在紙箱裡也有助於冬天的時候取暖喔！

22 幼稚的施丸

我叫施丸，是貝鴨炸公司的大老闆……
威風
霸氣
因為我天生的強烈氣場，大家都很怕我……
喔！這個是公司新來的會計小姐……
恭敬
施老闆好！
聽說鴕鳥都很膽小呢！好，我來嚇嚇她……
搞不好還能看到她把頭鑽地呢……嘻嘻……
賀啊！
呀啊！
這次又跟哪家的人打架了啊？
……

鴕鳥是膽小鬼？

長久以來，一直流傳著「鴕鳥遭遇危險時，會將頭埋在土裡，以為看不見就安全」一說，因此鴕鳥被冠上「弱懦、膽小」的封號，其實，鴕鳥一點都不膽小喔！

鴕鳥也是陸地上最大的鳥！
老娘天不怕地不怕的，少來惹我！

後人常用「鴕鳥心態」來形容逃避、不敢面對現實的人。其實這是數十年來的大誤解，牠們將頭伸進土中是為了挖洞孵蛋。成年的鴕鳥可達 2.5 公尺，連草原霸主獅子都敬畏三分。一是鴕鳥跑起來時速可達 70 公里，獅子根本追不上；二來就算追上了，鴕鳥強壯的腳可以一腳踢死獅子喔！

CHAPTER 3

唉呦～你們在幹什麼啦！

螳螂的耳朵不是牠真的耳朵？欲求不滿的雪貂會往生？黑天鵝族群約有 1/4 是同志？烏龜生男生女要看天氣？動物圈的恩恩愛愛和你想的不一樣！！！

又愛又怕的新男友 23

啊！妳們真早到呀！
蕾咪！好久不見～
這裡！這裡！
聽說妳這次交的男友是個教官呀？哎呦！很讚耶～
三姑六婆
咦～人家才剛到就問這個！討厭♥
攻勢不斷
拜託！看妳狂發閃照！感覺對妳很好齁？
唉…不過再怎麼好的男人，做起那檔事還是讓人痛不欲生吧…
變臉
別說了。真是痛死老娘了。
我們女人啊，真的是有夠命苦…尤其是妳…

愛愛會痛不欲生？

如果你有見過貓交配，那你可能會發現，
母貓通常是伴隨慘叫的，
究竟為什麼牠們如此痛苦呢？

這就是天使臉孔魔鬼〇〇吧？

你是要痛死老娘不成？不會溫柔一點嗎？蛤？
這也不是我願意的啊⋯

公貓生殖器

這是因為公貓的生殖器是佈滿倒鉤的，就像狼牙棒一樣。這樣的構造可以刺激母貓排卵、避免母貓交配中逃跑以及刮除前一隻公貓殘留的精液。但過程中母貓會感受到劇烈疼痛，所以通常完事後公貓會迅速逃離現場，以免被暴怒的母貓攻擊！

甜蜜的燭光晚餐 24

你好！我有預約～
是七點兩位的陳小姐對吧？
這邊請喔！
寂靜
空氣
凝結
無聲
……
……
……
怎麼會一個小時都不說話…
尷尬
冒昧請問一下…兩位今天是吵架嗎？還是餐點不好吃呢…？
小聲
？
咦？我們剛剛聊得很開心啊？

貓有套神祕溝通法？

你有注意過貓與貓之間的相處，其實很安靜嗎？研究發現，成年貓之間自有一套神祕溝通法（尾巴、表情、肢體等），一群和諧的貓可能可以持續好幾天都不發出聲音呢！

野生貓群通常只有在求助、吵架生氣時，才會鮮少的發出叫聲喔！

不過在幼貓時期，是會透過叫聲吸引媽媽注意，藉此討食的。長大後媽媽為了讓牠們獨立，會開始無視叫聲，小貓發現叫聲沒用，也漸漸不再叫了。不過家貓就不同囉，牠們大多習慣用叫聲與飼主互動，而且一叫就有好東西吃、免費的按摩服務，何樂而不為呢？所以，也可以說家貓的叫聲是為你客製化的喔！

25 鐵漢有柔情

我的老公是學校的教官。
同學！怎麼運動服又沒紮？
啊…是教官，趕快先跑為妙…
平常威嚴的他，是全校學生害怕的對象…
阿福！又偷帶東西進學校吃！給我站住！
這是玩具啦！我什麼都不知道～
但是一回家後，就變成了另一個人了…
老～婆～今天吃什麼呀♥
磨蹭
磨蹭
老公，你這樣我怎麼煮飯呀…

公貓特別愛黏人？

以人類的刻板印象來看，會覺得男生理性、女生感性，
所以應該是母貓比較愛撒嬌吧？
不過日本一份研究，剛好得出相反的結論喔！

這個研究是以結紮後為主喔！

是要黏到什麼時候⋯

研究發現，母貓從懷孕到生產、育兒都必須要獨自一人進行，所以通常警戒心比較強，也比較聰明、冷靜。而公貓則容易有分離焦慮症（主人離開後，發出叫聲、或破壞東西引起注意），對於主人的依賴性通常會比較強，也容易跟著主人行動、黏在主人身邊喔！不過，這個研究僅供參考，因為以貓咪獨（機）立（歪）的個性，兩種性別的貓都很可能不屑理你就是了。

26 買個耳機也出事

歡迎光臨！需要什麼嗎？
我想買耳機，有推薦的嗎？
先生，您真是問對人了！我們這裡有一款最新耳機喔！
我來幫您試戴一下吧？
好啊！那就麻煩你了！
禁
掀起
……

你耳朵長在哪裡啦？

大部分動物的耳朵都長在頭上，藉以聽到外界的聲音，
不過螳螂的耳朵可是長在兩腿之間喔！

螳螂狩獵能力強，有些不用農藥的農場會飼養來驅除害蟲喔！

耳機插在這邊真害羞耶！

不過，螳螂的耳朵並沒有辦法區分聲音的方向與頻率，但卻有一個非常大的作用—偵測蝙蝠的聲波有沒有將自己定位！這樣牠們就可以避免被蝙蝠吃掉，大大的提升自己的生存率喔！

紅顏薄命 27

我回來了！老婆。
粉墨
登場
老公你看！我新買的性感睡衣！今天要不要…♥
冷漠
今天上班好累了！改天再說吧…
咦？今天也這樣嗎？但是我們已經好久沒有那個了…
墜入
怎麼會這樣…是不是他不愛我了？
深淵
心好痛…好難受好像快死了…
嗚嗚…老婆…怎麼會這樣…

欲求不滿會喪命？

動物和人類一樣，也是有著七情六欲，
興頭一來的時候若無法滿足，的確很讓人灰心。
但，有的動物卻會因此而喪命喔！這是真的嗎？

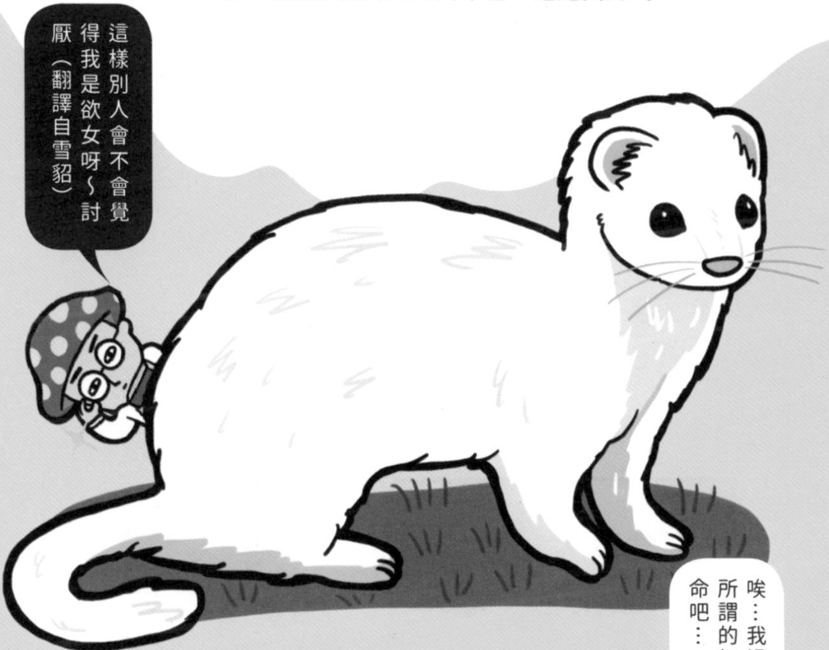
這樣別人會不會覺得我是欲女呀～討厭（翻譯自雪貂）

這個悲情的動物就是—雪貂！研究發現，當雌雪貂發情時，如果一直不交配，體內的雌激素含量會不斷地上升，並導致牠們的骨髓停止產生紅血球，最終可能會導致死亡！聽起來是不是很不可思議呢？如果要飼養雌雪貂，一定要先帶去絕育，免得牠因為發情而斷送性命喔！

唉…我這就是所謂的紅顏薄命吧…

少女情懷總是詩 28

羨煞旁人！牽手半輩子，愛情
17:50
女子誤食毒蘑菇，智商提高至 180
知名藝人賈淵央和妻子是網友票選最羨慕夫妻，前陣子他們為愛家站台…
賈淵央夫妻的故事真是太感人了…
羨慕
嫉妒
我要以他們的愛情為人生的目標！那一定很幸福…
A女
B女
原來攏是假！賈驚傳劈三女！
22:15
基本工資調至 40K 網驚：我在作夢
為您插播一則最新消息！根據知情人士爆料，目前不只一人受害…
冷風
蕭瑟
這世間…還有什麼值得我相信…

鴛鴦是專情的代言人？

以前有一句話，是「只羨鴛鴦不羨仙」，意思是只要能像鴛鴦一樣共度終生，就算是能做天上的神仙也不要。但是，鴛鴦其實一點都不專情喔！

公鴛鴦色彩鮮豔華麗，母鴛鴦相較樸素很多。

若說鴛鴦是最花心的鳥，那可一點都不為過！鴛鴦幾乎每到繁殖期，都會換一個伴侶，公鴛鴦也常常被觀察到有家暴的傾向！而古人為什麼對於鴛鴦會有專情、白頭偕老的誤解呢？大概是因為鴛鴦總是出雙入對，年復一年，看似都是同一對，其實彼此的伴侶都已經換過好幾輪了呢（但一般人肉眼也看不出來）！

同一個女人我最久只能跟她相處一年啦！

有點那個的浪漫驚喜 29

快到了！就在前面～
到底要帶人家去哪裡？這麼神神祕祕的⋯
浪漫
滿屋
哇～是你準備的嗎？真是太美了啦♥
掏
嘿嘿⋯還不止這些喔！
這是我挑了很久的⋯
滿心
期待
什麼？莫非是求婚？
那裡面一定就是鑽戒了吧♥
這是我在海邊挑了很久的石頭！請嫁給我吧！琇娥！
咦⋯石⋯石頭？

求偶用石頭就搞定？

你心中的浪漫求婚是怎麼樣的呢？鮮花佈置的房間、
點滿蠟燭的桌面、再加上求婚戒指，想讓人不點頭都很難！
在企鵝群中，也有這麼一個送禮的橋段喔！

企鵝是屬於一夫一妻制的動物喲！

竟然這麼容易就結婚了…

研究人員觀察企鵝的生態發現，公企鵝在求偶時，會挑選一塊石頭送給心儀的母企鵝，並對著牠鞠躬。若母企鵝不同意，就會對此置之不理；若牠同意了，則會鞠躬回禮，那牠們就算是結為夫妻囉！之後公企鵝會開始撿石頭築巢，好準備孕育下一代，是不是也挺浪漫的呢？

生孩子的祕密武器 30

老婆，我們好像有一陣子沒有那個了…不如今晚…
咦？不是去年才做過一次嗎？
其實也不是我想做，但妳也知道媽就是很愛唸，說想抱孫子什麼的…
無奈
唉…人生好難啊…好吧，那就只好再拿出「那個」了…
這麼久沒看了，偶爾看一次還是會覺得滿害羞的呢…
臉紅
心跳
對啊…不過這部真的滿不錯的！女主角也長得很漂亮…
你說什麼？

?

看「成人片」催生？

貓熊因毛色特別，過去曾遭大量獵殺，一度瀕臨絕種。
後來靠著保育人員努力，已從「瀕危級」降為「易危級」。
熊貓繁殖不易的最大難題，是因為牠們真的太冷淡了！

熊貓是中國特有的動物喔！

說到熊貓的一天，大約有八小時在睡覺，其餘的十六小時在進食。這樣吃飽睡、睡飽吃的生活，讓牠們對於交配興致缺缺。最重要的是，母熊貓一年約只發情三天，錯過了就要再等下一年！所以保育人員除了採取人工授精的方法外，還會讓熊貓看「成人片」，讓牠們透過學習模仿，來刺激交配的欲望！真的是讓人意想不到呢～

那些事好麻煩呀⋯真懶⋯

31 丈夫的背叛

老公你看！我們的孩子終於出生了…
辛苦了！快拿來讓我看看…
對不起，山蓮！我騙了妳！阿傑才是我愛的人。
晴天霹靂
你說什麼？
妳的行李都打包好了，五百萬也匯給妳了。
對不起！再見！
等等！是我哪裡不好？我可以改啊！

愛我還是愛「他」？

經過統計，目前已發現有同志行為的動物已超過 1,500 種，
其中最讓研究人員驚訝的就是黑天鵝，
整個族群約有 1/4 是同志！

黑天鵝是終生單一伴侶的動物喔！

全部都是假的嗎？沒有一點愛嗎？
抱歉啦⋯

研究發現，黑天鵝中有一個特殊的多元成家行為：兩隻公天鵝在互許終生後，會找一隻母天鵝加入，進行短暫的三人行，待母天鵝產下卵，兩隻公天鵝便會拋棄母天鵝，共同養育這個新生命。意外的是，由兩個爸爸帶大的小天鵝因為受到更多保護，存活率比一般的小天鵝還高呢！

要打去練舞室打 32

我們待會就先去看那部電影……
好啊……啊！
撞
啊！
你撞什麼撞？走路不會看路嗎？
什麼？是你先撞我的吧！
你們兩個，都給我住手！
要打就去練舞室打！
練舞室
啊……♥
好棒……♥
練舞室怎麼會有這種聲音……？

一言不合就〇〇？

一般的猿猴類都是以武力統治為主的，但倭黑猩猩卻例外，
牠們是出了名的「愛好和平」，
有什麼紛爭，就先〇〇再說啦！

倭黑猩猩是人類的近親，身上的基因有99%都與人類相似喔！

放棄女友，跟我在一起吧！
這…好猶豫呀…♥

一般猿猴會互相梳理毛髮去建立友情，倭黑猩猩卻以性作為社交行為，即使第一次見面也可以來一發，且不分性別。日常的〇〇不是以生育為目的，而是互相取悅對方。牠們也是除了人類以外，唯一會用面對面的方式〇〇，因為可以關注對方的感受。而在沒有對象〇〇時，自己 DIY 也是很常見的喔！

女生宿舍 33

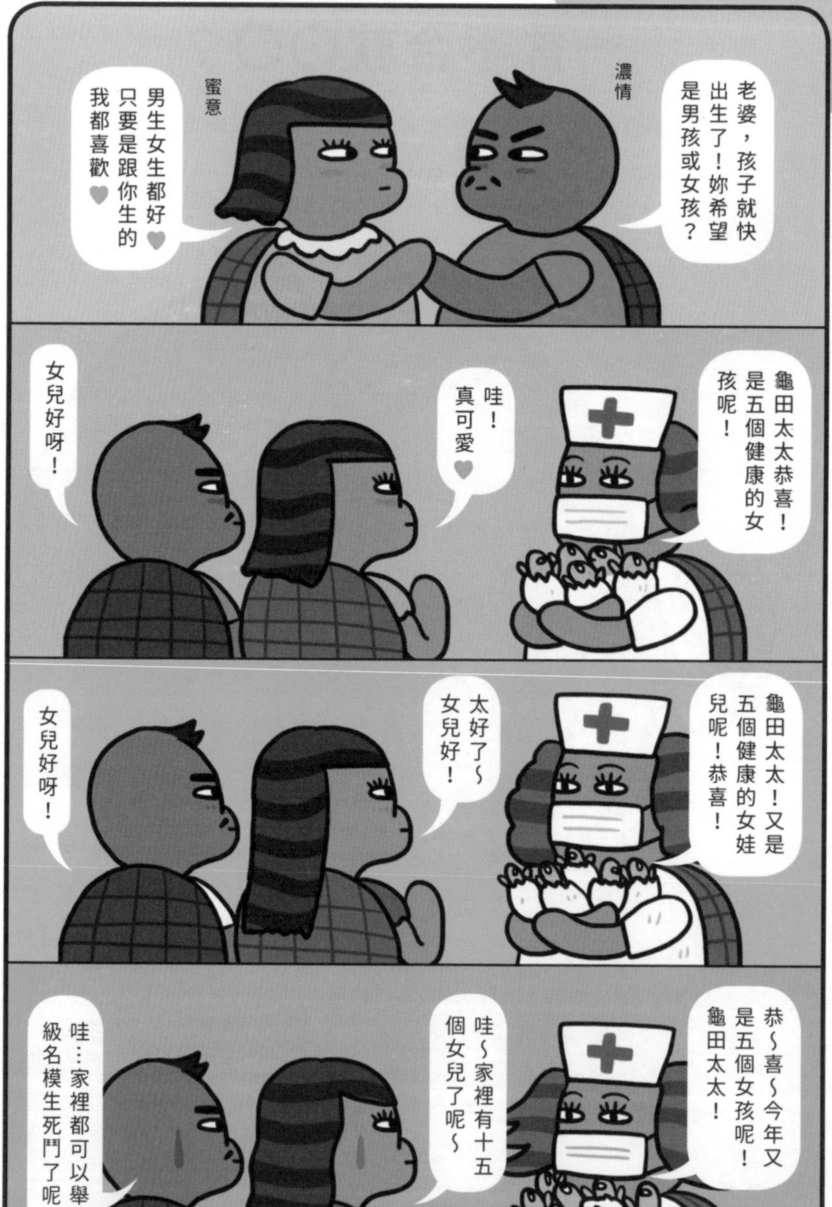
濃情
老婆，孩子就快出生了！妳希望是男孩或女孩？
蜜意
男生女生都好♥只要是跟你生的我都喜歡♥
龜田太太恭喜！是五個健康的女孩呢！
哇！真可愛♥
女兒好呀！
龜田太太！又是五個健康的女娃兒呢！恭喜！
太好了～女兒好！
女兒好呀！
恭～喜～今年又是五個女孩呢！龜田太太！
哇～家裡有十五個女兒了呢～
哇…家裡都可以舉辦超級名模生死鬥了呢…

生男生女看天氣？

研究人員發現，近年來澳洲大堡礁一帶，
幾乎清一色都是雌海龜，為什麼呢？

烏龜也是溫室效應下隱藏的受害者！
不過女兒真的是比較可愛～

原來烏龜和一些爬蟲動物一樣，會由環境的溫度決定寶寶的性別！以巴西龜來說，攝氏 32 度時，會孵化出雌烏龜；攝氏 26 度時則孵化出雄烏龜。這是因為 KDM6B 基因的影響。科學家表示：在全球暖化影響下，雌雄的比例逐漸失衡，長期下來有可能會導致龜鱉的滅絕！

CHAPTER 4

他們家怪怪的～

亂吃無尾熊的食物會出事；啄木鳥的絕技千萬別亂學；以為河馬傻呆萌？那可就大錯特錯了；兔子媽媽的育兒術讓人好傻眼……

傻眼的寶寶餵食時間 34

這是寶寶的副食品？

模樣可愛的無尾熊，曾經風靡一時，成為動物園的新寵兒。
不過許多遊客也發現，無尾熊寶寶似乎會吃媽媽的大便！
這究竟是為什麼呢？

無尾熊的英文Koala，是澳洲原住民的方言，意思是「不喝水」喔！
不雅畫面特效處理

來來～吃飯囉！

其實，這是無尾熊媽媽獨特的育兒方式。媽媽的糞便中含有幫助消化的菌叢，無尾熊寶寶吃了之後，這些菌叢就可以在牠的消化道內生存，協助未來食物的消化。所以對寶寶來說，這也算是一種獨特的健康副食品喔！是不是很不可思議呢？

小心食物中毒 35

艾拉～我又來看妳跟寶寶了！
啊！琇娥！寶寶剛剛被護士接走了耶！
話說我剛好要吃中餐，不嫌棄的話一起吃吧？
咦？這怎麼好意思呀！
不過看妳每天都吃這個，也實在很好奇是什麼味道呀？
躍躍
欲試
那我就吃一口看看好了～
琇娥…對不起，我不知道原來尤加利葉有毒…
痛苦
……

無尾熊專屬食物！

無尾熊是一種很神奇的動物，
牠們一生幾乎只吃一種食物—尤加利葉，
而這種葉子充滿毒性，幾乎沒有其他動物可以吃喔！

尤加利葉熱量低，所以無尾熊沒事就會睡覺來保存體力！

誰來惹我我就毒誰，呵呵。

根據研究，無尾熊清除毒素的系統非常快速。而尤加利葉中所含的複雜化學物質可以降低被吃光的風險。但在演化的歷程中，無尾熊的嗅覺變得更靈敏，能區分葉子中毒素的多寡，選擇毒素少的來吃。真的是一山比一山高呀！

36 台灣之光

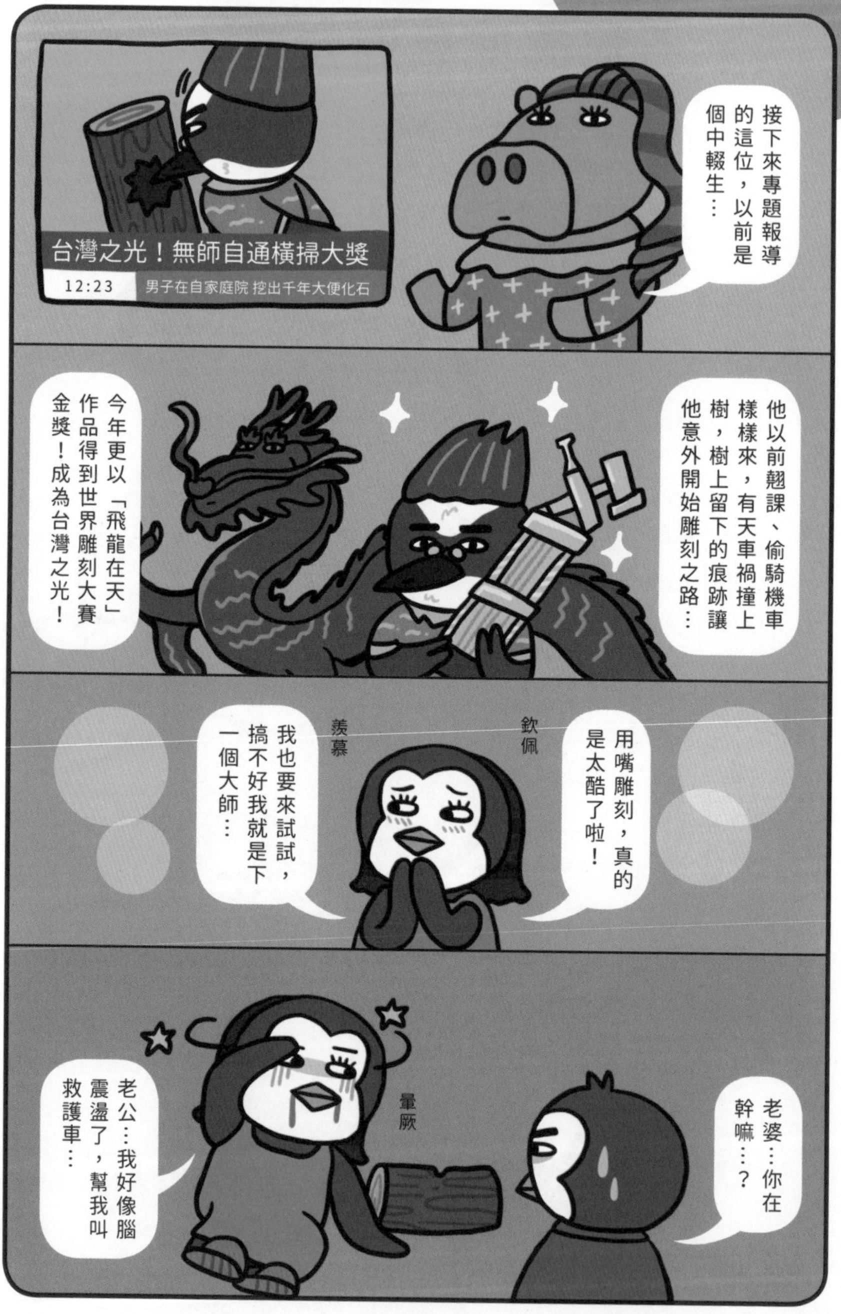
台灣之光！無師自通橫掃大獎
12:23
男子在自家庭院 挖出千年大便化石
接下來專題報導的這位，以前是個中輟生…
他以前翹課、偷騎機車樣樣來，有天車禍撞上樹，樹上留下的痕跡讓他意外開始雕刻之路…
今年更以「飛龍在天」作品得到世界雕刻大賽金獎！成為台灣之光！
欽佩
用嘴雕刻，真的是太酷了啦！
羨慕
我也要來試試，搞不好我就是下一個大師…
老婆…你在幹嘛…？
暈厥
老公…我好像腦震盪了，幫我叫救護車…

頭不會痛嗎？

嘐木鳥用長長的嘴巴敲擊著木頭，似乎是很平常的事，
但你有想過，難道啄木鳥的頭都不會痛嗎？
科學家也很想知道這個答案！

啄木鳥啄木是為了吃附著在木頭上的蟲喔！
我就是天生的藝術家！

「這問題很難回答」康乃爾大學鳥類學家如是說。不過根據研究可以發現，啄木鳥在選擇木頭啄時，會選擇比較脆弱的地方啄，減少腦部的衝擊。而經過演化，啄木鳥的腦變得非常小，大約只有兩公克重而已。愈小的腦愈不容易受傷，震盪的機率也愈小；而牠們的頭骨是由高密度的骨質組成，撞擊時力道會平均地傳送，藉此保護腦袋不受到傷害。所以當別人表演高超特技時，那可能是他們與生俱來的能力，一般人可是不要隨意模仿呀！

不可思議的民主時間 37

表決就用「噴嚏聲」？

當一群人意見相左的時候，我們常常會用「多數決」的方式來決定最後的結論。在非洲野犬之中，也有著這樣投票的機制喔！

這也是首次發現會投票的動物喔！

常常被誤以為是感冒哩！

研究員花了 11 個月，追蹤了 5 群非洲野犬，紀錄下牠們召開的 68 場集會，證實了牠們確實會透過「噴嚏聲」投票是否一同出去打獵。而且這個投票可不是每一票都等值的，位階較高的野犬參與時，可能只要三聲就可以出發；較低的野犬可能要十聲才能達到出發的門檻喔！

38 怪盜積德

我是周非，平常的我是個正常的上班族……
平庸
神祕
但其實我還有另一個身分—怪盜積德！這件衣服也是我的父親傳承下來的……
雖然說是怪盜，但其實也是搶些錢來花用，畢竟家裡孩子花費很兇……
好，前面那個女的看起來很遲鈍，就選她了……
亮刀
爸…不是都叫你不要再幹這行了嗎？
……
急救箱拿來了喔。

?

河馬真的傻呆萌？

非洲大陸有許多兇猛的動物，像是獅子、鱷魚，
但是都比不過看似呆萌的—河馬！
每年約有 200 多人命喪於牠喔！

河馬也被評為世界最危險動物之一！

動物園的河馬看似溫和、與世無爭的樣子，其實是個攻擊性很強的動物。河馬全力衝刺時，時速可達 48km，比奧運選手還要快；咬合力更是可以達到 2.2 公噸，比鱷魚還要驚人！而體重動輒 3~4 千公斤的牠們，連獅子都不敢招惹喔！所以下次有機會遇到野生河馬，可不要輕易靠近，以免有生命危險！

知道了嗎？這就叫做人不可貌相喔！

39 夏天就要去海邊

夏天就是要去海邊呀！
這裡的海真清澈！
興奮
期待
看！那裡的沙灘好漂亮呀！
哈哈哈！看招！
我也要加入～
可惡！看我的～
怎麼可能…妳都沒變黑？
妳到底是用哪牌的防曬乳？
我也要買
白皙
咦？我什麼都沒用耶？

能自製防曬乳？

夏天出遊時，總是要塗上厚厚的防曬乳避免曬傷，
不過有一種動物卻能自製防曬乳喔！
那就是—河馬！

河馬看似無害，
其實很兇猛喔！

我的汗除了防曬，還有避
免傷口惡化的功能喔！

科學家河馬的汗進行實驗，分離出了兩種主要色素：紅色的稱為河馬汗酸 (hipposudoric acid) 橘色的則稱為正河馬汗酸 (norhipposudoric acid)，這兩種色素的吸光值剛剛好是一般紫外線以及可見光的範圍，所以可以用來防曬，是不是十分天然呢？科學家也有想過用河馬的汗來製作人用的防曬乳，不過因為河馬的汗實在太臭了，所以到現在都還沒有實現囉！

40 人前威風的施丸

我叫施丸，是這個公司的大老闆…
威風
霸氣
我靠著自己的努力，拼得現在的頭銜…
公司的每個人見到我，都要敬畏三分…
氣勢
凌人
施…施老闆好！
但是這個威風，也只僅限在公司…
又去哪鬼混？這麼晚回來！
不是叫你順便買醬油回來？
對不起…老婆，請原諒我…

「萬獸之王」怕老婆？

英俊帥氣的雄獅，又有「萬獸之王」、「草原之王」等封號，
看似威風的牠，其實人生也不是這麼順遂，
在獅群之中，雄獅是隨時要遭受驅逐威脅的！

獅子是群居動物，一群獅子大約由十到三十隻獅子組成！

老娘隨時可以叫你滾蛋！知道嗎？
是⋯

一般獅群的成員為一隻雄獅、數隻母獅與牠們的孩子。母獅從出生到死亡，都會待在同一個群體裡，並負責狩獵、保衛家園，而雄獅則需靠武力爭奪，才能獲得群裡的唯一席位。兩隻雄獅對戰後，戰敗的雄獅會被逐出家園，獨自流浪，而新上任的雄獅為了穩固自己的血統，會將之前雄獅的子嗣全部殺死！只能說獅子的社會真的比後宮爭寵還要精彩啊！

媽媽的小小星夢 41

各位觀眾朋友你們好，我是蕭嬙。
為了拍戲，我幾乎每天都睡在攝影棚⋯
SK-
但是你們看得出來，我每天只睡兩個小時嗎？
白皙
你們可以靠近一點，對，可以再靠近一點⋯
呃，你在家啊⋯
尷尬
媽⋯你在跟誰說話啊⋯？
傻眼

？大象一天只睡兩小時？

睡眠是人的大事，人一天大約花八個小時在睡覺，
充足的睡眠不但有助健康，也能清除腦中廢物。
不過對於大象來說，一天睡兩個小時就很奢侈了喔！

動物園裡的大象一天
大約睡四到六小時！

我也是有明
星夢的嘛～

過去的研究經驗發現，較大的哺乳動物睡眠往往少於較小的哺乳動物。科學家追蹤了野生大象發現，大象平均一天只睡兩個小時，也有可能會因為遷徙、逃亡等，而長達兩、三天不睡覺。通常大象都是站著睡覺，大約三、四天才會躺下睡一次。特別的是，大象入睡和醒來的時間與日落和日出無關。目前科學家也積極的在研究大象睡眠的祕密，如果研究有成，可能可以成功地解決失眠、或是找到減少睡眠換取更多清醒時間的方法！

42 蕾咪說不清的孩子們

說！老王是誰？

附近的野貓生了一窩寶寶，仔細一看，
白的、黑的、橘色的、還有花紋的，
究竟為何同一胎，會有這麼多花色呢？

貓一胎平均是生二到九隻，但也有高達十六隻的紀錄喔！

我可是沒有偷吃喔！

首先，貓是屬於「同期復孕」的動物。意思就是，同一胎的小貓中，可能都是來自不同的父親！因為母貓通常是交配後才刺激排卵的，所以可能在同一次發情期間，體內存在著不同父親留下的精子，而造成這個現象喔。不過就算都是同一對爸媽，也是可能生出異色的貓寶寶，不過，這就要講到遺傳的組成了。但可以確定的是，不管什麼顏色的貓都可愛啦。

43 辛苦的淑莉

孩子們，起床囉！快點來吃早餐！
趕快！不然上課又要遲到了！
快快快！趕快去刷牙洗臉換衣服！
好睏…
好想睡…
不想上課…
哇…那位媽媽真辛苦呀…
還好我們的小孩都搭校車…
老師說今天要帶字典！
今天…是不是…比較重啊？書包都裝了些什麼呀…
汗流
浹背

負鼠甜蜜的負荷

上一次被爸爸媽媽揹在肩上是什麼時候，你可能已經想不起來了，但有一種動物卻是讓人一看就會覺得「媽媽真偉大啊」，那就是—北美負鼠！

負鼠的體型大概跟貓差不多大喔！

北美負鼠是一種有袋動物，寶寶在剛出生時，會放在育兒袋裡撫養。隨著寶寶長大，袋子裝不下了，而寶寶又不願離開媽媽，就會開始「巴」在媽媽的身上。而負鼠媽媽一次最多要揹著 10 隻以上的寶寶，真的堪稱是最甜蜜的負荷啊～

啊～真是累死老娘了！

超傻眼的孩子保護術 44

兔寶寶被活埋啦！

如果你在後院，看見一隻兔子媽媽將牠的孩子埋進土裡，
會不會嚇一跳，並開始思考：是不是該去救那些寶寶呢？
其實不用擔心，這是媽媽在保護牠們的孩子喔！

挖洞是兔子的天性！

兔子模樣可愛，是個不太具攻擊性的動物，這也代表著牠們面對敵人時能保護自己的招數有限。野外的兔媽媽在產下寶寶後，會在外出覓食時，將寶寶們埋在土中，這是為了保護牠們免於被敵人捕食。而辛苦的媽媽每天會不厭其煩地重複著挖土、封土的動作，只能說母親真的是很偉大呀～

大野狼就說：「小紅帽，我是你奶奶呀」
你們看，有陌生人來絕對不可以開門喔！

翻白眼的生日禮物 45

生日快樂！邦妮！
生日快樂！
妳們…竟然都記得我的生日，真是太感動了啦~
感動
當然啊~而且我們還準備了一個大禮要送給妳喔！
鐺鐺~老闆說兔子都喜歡吃紅蘿蔔！妳應該也喜歡吧？
哇……
無情
烈火

紅蘿蔔是兔子的美食？

說到兔子最愛吃的東西，許多人應該都會回答「紅蘿蔔」！
其實，兔子最好不要吃紅蘿蔔喔！

兔子的主食應該是
牧草與新鮮蔬菜！

牧草、蔬菜、飼
料的比例建議是
7:2:1 喔！

雖然紅蘿蔔並不是絕對不能吃的，但是量要少，而且最好是不要。因為紅蘿蔔是偏冷的食物，兔子若腸胃狀況不好時吃了可能會拉肚子！而紅蘿蔔富含的維他命 A，吃多了可能會讓兔子維他命 A 中毒。所以，不要再被卡通騙了，拿紅蘿蔔給牠們吃啦～

CHAPTER 5

解救地球的超能戰士

別想從後面偷襲月亮戰士、神奇泡泡製造機水星戰士、噴射炙熱火焰的火星戰士、行動發電機木星戰士、魔性呼嚕聲的金星戰士……拯救地球就靠你們了！

46 戰士誕生

討厭！不小心睡過頭了！今天又要被記警告了啦…
匆匆
忙忙
邦妮，蘑菇國中二年級生，本學期已遲到四十六次。
咦…路上怎麼會有蘑菇？
我來吃吃看…
血盆
大口
哇！住手！
彈起
呀！蘑菇竟然說話了！
顫抖
虛弱
妳這兔子都能說話了，我蘑菇說話有什麼好奇怪的…

先別說這個了！我需要妳的幫忙！怪物入侵了，再這樣下去世界要毀滅了！
毀滅？你在說什麼呀？你是不是撞到頭？
碰嘎
我……我上學要遲到了……
妳給我回來！都什麼時候了還上學！

拜託！我只是一個平凡可愛的少女，哪知道怎麼對付怪物？
妳還真敢說
當然不會讓妳空手應戰啦！我這裡有一個最新的發明⋯
鐺鐺！
變身蝴蝶結！
蛤？這是名偵探柯南在用的吧？是要叫我去破案嗎？
不不！這可是貨真價實的變身器喔！快舉起來喊「變身」吧！
真的假的？好像有點羞恥耶⋯算了，試試看吧⋯
變身！

發光
什麼！竟然發光了！我要像卡通裡那樣華麗變身了嗎？
興奮
期待
你這是什麼爛設計啊！竟然還要自己穿？
手忙
腳亂
這樣遇到怪物的時候我不是早就死了嗎？
拍謝啦！因為我是獨立製作的，經費比較不足嘛⋯
喔喔⋯穿完之後還是滿有一回事的嘛！不錯不錯。
華麗

天啊…被媽媽發現我戴耳環的話一定會被她殺死…
現在不是說這個的時候吧！怪物在妳的後面！
真的耶！我不用轉頭也看得到！但要怎麼打敗它啊～
也沒給我魔法杖之類的
這個是我特製的手套，妳只要朝它揮拳就可以了！
這樣嗎？
啊
天啊…我現在是什麼？一拳超人嗎？
呼…總算…
蘑菇博士與邦妮終於順利打敗了怪物，今後還會有怎麼樣的難題等待著他們呢？

擁有全方位視力的兔子

你有試過從兔子的後方接近牠，卻馬上被牠發現，
牠隨即跳呀跳的逃走的經驗嗎？
這是因為，兔子的視力接近 360°喔！

許多草食動物的眼睛都是這個構造，這是為了可以隨時注意到四周潛在的危機，提高生存率！

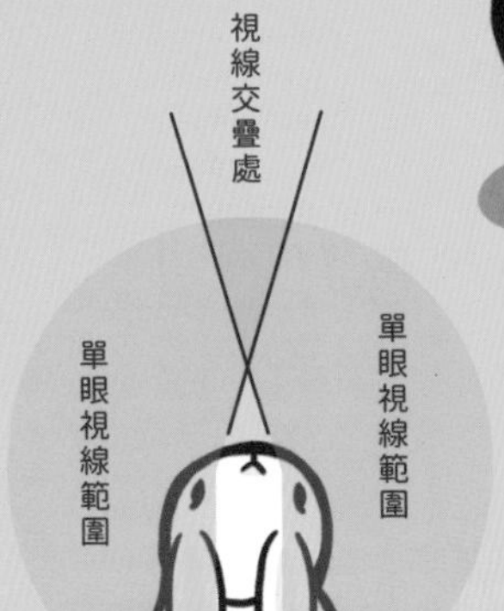
視線交疊處
單眼視線範圍
單眼視線範圍

但是，這樣的視覺也是有缺點的。像是鼻尖前方一小塊區域為視覺盲點，所以把食物放在兔子嘴前牠是看不到的喔！而只有視線交疊處才會有影像立體感，所以兔子從高處往下跳時，常常需要花很多時間來抓距離，也常常會有失足的意外！

47 水星戰士

為了尋找剩下的戰士，蘑菇博士與邦妮踏上了旅程。
恩…根據古文書記載，還要喚醒四個戰士，才能打敗大魔王呢…
首先是水星戰士…「聰明有智慧的蟲族少女」…
蛤？這是要怎麼找？簡直就是大海撈針嘛！
找到了！就是她！
什麼啊…這也太容易了吧…
年僅十四歲直升碩士
百年難得天才 蟲族少女
不好意思。
我拒絕。

咦…為什麼？
我還要準備下個禮拜的博士考試呢，沒有空。而且戰鬥什麼的，那是大人們的事吧？
年紀輕輕就這麼囂張…
小聲
就跟你說聰明人都很自以為是…
我可是聽得一清二楚。
既然這樣…那就沒辦法了…
用頭腦一決高下吧！
妳們兩個比賽！
蛤？我？
有意思！我接受！

等等！我在學校成績都吊車尾耶！
小聲
別緊張！我會協助妳作弊的……
我可是聽得一清二楚。
轟嘎
可惡！怪物竟然又出現了！
哇！！我的愛書！！
啊
去死吧！
別慌！還來得及挽救！
怎麼挽救……嗚嗚嗚……

變身蝴蝶結（水星版）
拿起這個高喊變身就可以了！
不要，太蠢了。我又不是三歲小孩。
妳到底要不要救妳的書？
唉…好吧…
心不甘
情不願
怎麼有一種中計的感覺…
變身！

你們這是什麼爛變身啊，還要自己穿？
念念有詞
這樣有辦法上戰場嗎？我真是不敢相信！
這個我已經反映過了。
妳們意見怎麼這麼多？又沒跟妳們收錢！
暴怒
水星戰士！參上！
動感泡沫光波噴！
就這樣，水星戰士—莫嬋也加入了蘑菇博士的行列。
太好了…我的書…
感動
尋找戰士的旅程還將繼續下去，加油吧！

?

泡沫製造者「沫蟬」

從前人們發現植物上有一些不知名的泡沫，卻一直不知道來源，有些科學家認為是植物產生的泡沫，也有人說是馬或鳥的唾液，一直到 20 世紀時，真相才終於被解開！

以前這些泡沫常被認為是杜鵑鳥的口水！
若蟲
成蟲

我的泡沫光波竟然是從屁屁噴出來的，好害羞！

科學家研究發現，原來這些泡沫的來源是一種名叫「沫蟬」的昆蟲。這種蟬的若蟲因為不會飛也不會跳，所以牠們會在選好植物後，分泌大量的泡沫把自己包裹起來。這種泡沫不但耐乾燥，黏度也強，沫蟬可以在泡沫裡安心地吸取植物汁液，也可以藉此躲避天敵，真的是一石二鳥！

火星戰士 48

為了尋找剩下的戰士，蘑菇博士一行人繼續旅行。
火星戰士是「美麗勇敢的蟲族少女」……
蛤，又是蟲？
寫得真籠統！這是要怎麼找呀……
救命啊！！！
天呀！這是哪裡來的觸手啊！
快救救我！我只是要去採果實，就被這觸手纏住了！

我是魔花—
嘎嘎里巴巴……
破壞森林者……
都要付出代價……
魔花咖咖你爸爸！看
你這副蠢樣，就一拳
送你上西天吧！
是嘎嘎里巴巴……
少囉唆！看招！
兔寶碰碰拳！
纏住
驚
什麼！？

博士～救命～
動彈
不得
剛剛不是還信誓旦旦…
好，再來就看你的了！水星戰士！
交給我吧！
動感泡沫…
啊啊啊啊！
光波噴！

打倒了嗎？
全身充滿了力量啊啊啊！
吼嘎嘎嘎！
哇～它吸收了泡沫之後變得更茂盛了！
落荒而逃
原來如此，這種植物吸收了泡沫可以進化呀……
現在不是研究這個的時候吧！
如果這時候有火星戰士在就好了……
你們兩位！退後！

熱情沙漠火焰燃燒攻擊！
啊啊啊啊！
呼…得救了…
小妹妹，妳沒事吧？
可惡！
謝謝姊姊…
慢著…妳…是火星戰士？妳怎麼會有變身器？
你說這個呀？是博士給我的喔！
什…什麼！
突然出現的火星戰士解救了蘑菇博士一群人，但，她口中的博士究竟是？

噴射火焰的炮步行蟲

卡通或電影中，常常出現可以吐出火焰的龍或怪物。
現實生活中，真的有可能從動物身上噴出火焰嗎？
科學家在炮步行蟲身上找到了類似的跡象喔！

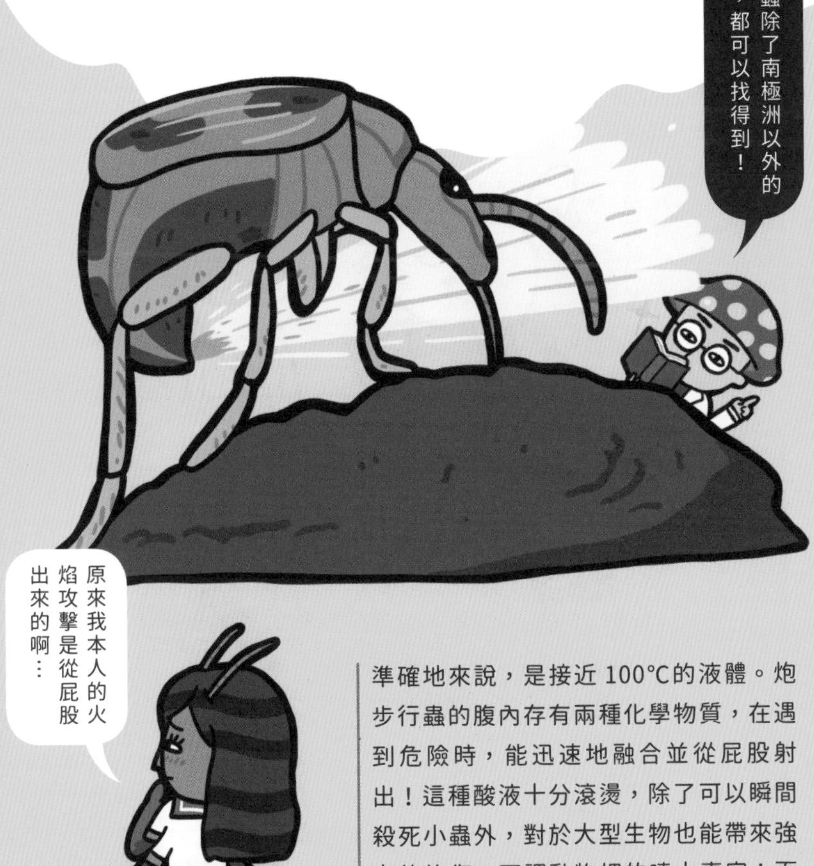
這種蟲除了南極洲以外的地方，都可以找得到！
原來我本人的火焰攻擊是從屁股出來的啊……

準確地來說，是接近 100°C的液體。炮步行蟲的腹內存有兩種化學物質，在遇到危險時，能迅速地融合並從屁股射出！這種酸液十分滾燙，除了可以瞬間殺死小蟲外，對於大型生物也能帶來強力的灼傷，可謂動物裡的噴火專家！而噴射酸液時，必須以每秒 500 發的速度來發射，才能保護牠們自己的屁股不被高溫所灼傷喔！

木星戰士 49

妳說的博士，該不會是秀珍菇造型，脾氣很差的一個女孩子吧？
沒錯，真的是脾氣非常差的一個女孩…
果然是她…那是我的妹妹…
蘑菇的妹妹是秀珍菇？
超不合理
我們被怪物襲擊後就走散了…
珍珍！
哥哥！
沒想到她還活著…
好！馬上出發去找她！

咦…那是什麼玩意兒呀？
小姐，妳沒事吧？
救命呀…海裡有怪物…
呀！她沒穿衣服！
吼吼吼吼！
我是腐爛神——稠稠尼拉拉…
破壞海洋者…都要付出代價…

好！趕緊先發制人！
熱情沙漠火焰燃燒攻擊！
什麼！竟然無效？
哈哈哈哈！
妳那種猴子吐火的把戲……
月亮戰士！快去幫幫火星戰士呀！
不行啦～兔子超怕水的～不敢接近！
我只會噴泡沫而已，派不上用場……
……

唉…緊急時候，卻沒半個人派得上用場。
博士，你的口袋在發光耶！
亮
什麼！木星的變身器竟然對她有反應！
莫非…
不管了！先幫她換上戰士服再說！
是！
是！
木星戰士！誕生！
亮麗

哇！有了這個頭套，我在陸地上也可以呼吸了！
待會再開心！快使用妳的電擊招式幫助火星戰士吧！
皮卡皮卡八百伏特電擊！
啊啊啊啊！
可惡啊⋯⋯
你們總有一天會付出代價⋯⋯
海裡竟然這麼多垃圾⋯⋯
難怪腐爛神會這麼生氣⋯⋯
蘑菇博士一行人打敗了腐爛神，卻覺得心情越來越沉重了⋯⋯

行動發電機電鰻

說到會發電的動物，你可能會想到可愛的皮卡丘，
但可惜，真實世界是沒有皮卡丘的啦～
不過，卻也有個很會放電的動物喔！

電鰻因為體型像鰻魚而得名，但牠並不是鰻魚的一種喔！

因為我很好吃，所以還是很多人會冒死來抓我！

電鰻是放電能力最強的淡水魚類，因為身上佈滿大大小小的發電細胞，最高約能放出 800 伏特的電！這樣的電量足以電死小型生物，也能將人、牛羊等大型生物電暈，是相當厲害的動物！而電鰻身上大部分都是絕緣的構造，加上水的電阻比電鰻身體小，因此在水裡放電時，電流會經由水流通，所以電鰻就不會電到自己囉！

金星戰士 50

怎麼會這樣，本來這麼漂亮的海灘…
仔細一看，這片海灘都是垃圾呢！
還不只這些呢！
我海裡的家外也是充滿了垃圾…
呃…你後面好像有個龐然大物，拔山倒樹而來…
蝦米？哩洗勒公蝦毀？
出現

我是保麗龍怪——包包立隆隆……
我的出現就是海洋浩劫的開始……
這什麼名字呀？作者真偷懶呢。
而且這是爆米香嗎？突然好餓喔。
我好久沒出場了！交給我吧！
兔寶碰碰拳！
呵呵，我還是很強的嘛。
灰飛
煙滅

咦⋯什麼⋯
聚集
哈哈哈哈！
物理攻擊對我是沒有用的⋯
呀！竟然還變形了！
讓我們來！動感泡沫光波噴！
皮卡皮卡八百伏特電擊！
唔唔唔唔！

喝啊！
保麗龍果然是難消滅出名。
那用火總可以吧！
熱情沙漠火焰燃燒攻擊！
哇啊！
這是什麼臭味啊！
毒氣
熏天
天啊…好刺鼻的味道…
燒保麗龍有毒妳不知道嗎！傻眼耶！

天啊！大家！
哈哈哈哈！
再來就給你們最後一擊⋯
住手！
抱歉，各位！我們來遲了！
愛與正義的金星戰士！現在要來懲罰你喔！咪！

珍珍…太好了…
旁邊那隻貓講這種台詞，都不害羞？
納命來吧！包包立隆隆！
金星愛我呼嚕嚕♥
呼嚕呼嚕呼嚕呼嚕
蛤？
呼嚕呼嚕呼嚕呼嚕

好了，搞定。
怎麼說呢，這太犯規了吧⋯⋯
大家！都沒事吧？
哇～珍珍～太好了！
痛哭
哭什麼啊，太誇張了吧⋯⋯
五位戰士們終於都到齊了！究竟最後會有怎麼樣的挑戰在等著博士一行人呢？

無法抵擋的魔性呼嚕聲

大家有聽過貓的呼嚕聲嗎？那有點像是喉音的聲音，
總是讓很多飼主著迷。其實，會著迷是有原因的！
因為，貓真的會利用呼嚕聲來控制你喔！

近年養貓的人數以非常驚人的速度在成長中喔！

貓一般在開心、撒嬌、不希望你離開的時候，會發出呼嚕聲（但也有的貓會在緊張、生氣時發出）。英國大學的行為生態學家研究數十隻貓的呼嚕聲，發現貓在面對食物等誘惑時，會混雜一些低頻在原本的呼嚕聲中，而哺乳類動物（包含人）對於這樣類似嬰兒哭鬧的音頻特別敏感，也更容易有同情、憐憫等等的回應。所以，貓主子的地位可不是光靠外表，讓人無法逃避的呼嚕聲才是牠們奴役人類的最大武器吧！

哎呀，跟班真是愈來愈多了呢…

最終決戰 51

蘑菇博士一行人
一路披荊斬棘…
打敗了許多怪物，
夥伴們的實力愈來
愈堅強…
卻也發現，地球
已經被破壞地非
常嚴重了…
看到了！那就
是最終的大魔
王吧…
天啊…好大…
比想像中還要
驚人耶…
傻眼

我是暗黑大王福福受羅羅⋯
哈哈⋯我要讓所有物種滅絕⋯
不好了！許多原生物種都被粉紅色的卵吞噬了！
救命呀
原來如此，福壽螺這種生物對生態的危害這麼大呀⋯
那怎麼可以！一定要趕快打敗它才行！

好！我們上吧！姊妹們！
士氣高昂
衝啊！
兵敗如山倒
天啊！馬上就滅團！
哥哥！怎麼辦！快想想辦法呀！
好！我來看看古文書有沒有寫…
有了！第五章第二節！
如果遇到強勁的敵人，只要五位戰士都到場…

並且每個人拿一根樹枝，大喊咒語，怪物就能消滅了！
有這麼方便的招數，一開始幹嘛不說：
屁屁卡屁縫拉拉不是黃金！
鯖魚牛排沙朗！
怕發霉滷肉拉魯肉！
月餅蛋糕康康！
拍立得碰碰胚芽！
溫體牛油花美！

相撲魯魯相撲魯！
雞心霜降浪花！
配飯滷菜蛋配凳！
舒肥三明治發亮！
魔～幻～
司令台！
請讓怪物都消失吧！

啊啊啊啊！
大魔王這樣就被解決了嗎…
不甘心啊…
他消失前寫了一封信呢！
手速還真快呀！
我來看看…敬告地球上的生物…我們的出現不是偶然…
地球已經被嚴重破壞，若再這樣下去，我們很快就會東山再起…

咦⋯再回來還得了啊！
對啊！我還要趕快回家看書耶！
不過，總算是守護住這個城市，真是太好了呢！
各位⋯雖然很不捨，但任務已完成，我們必須離開了⋯
我會想念你們大家的！
咦！等等⋯
消失

啊⋯衣服也變回來了耶⋯
變身的時候要自己穿，變回來倒是滿快的嘛⋯
先⋯先來救救我吧⋯
就這樣，城市又恢復了和平的生活，但蘑菇博士與秀珍菇博士卻從此消失了，沒有人知道他們從何而來，又去了哪裡⋯
以上，就是阿姨和你們媽媽以前的故事喔！
哇！阿姨好酷喔～
媽媽這麼笨，竟然還可以當魔法少女！
莫嬋！都多少年前的事了，還跟孩子們說！
少來！妳才是最念舊的吧！還弄以前當戰士時的造型！

說來也真神奇，所有的裝備都消失了，這雙耳環卻還留著呢！
不過…也是因為有這雙耳環呀！不然我們還會以為那些日子是一場夢呢！
話說蕾咪怎麼沒來呢？今天是每週固定的淨灘日呀！
張望
畢竟她最近生了三胞胎吧！可能忙到忘記時間了！
啊！說人人到！蕾咪！這邊這邊！
抱歉~三個孩子實在是太愛鬧了，弄了好久才出門！
哈囉！

哇～好可愛喔！看阿姨這邊♥
蕾咪～我想抱他們可以嗎♥
究竟博士他們是什麼人呢？難道是外星人嗎？
感傷
不過…也是因為有他們，才讓我們知道平凡的日子有多寶貴呀…
妳自言自語個什麼勁？以為這裡有攝影機嗎？
吵死了！氣氛都被妳破壞了啦…
好啦！開始淨灘囉！
今天也要愛護地球喔！
喔！！

後記／感謝

感謝你購買了這本《如果生物課都這麼ㄎㄧㄤ！》，不知道大家對於這樣用小漫畫學知識的內容還喜歡嗎？（歡迎私訊FB或IG告訴我）不過既然你已經把它看完了，我想這就是對我最大的鼓勵了！

我在粉絲團《10 Seconds Class - 10秒鐘教室》分享圖文創作，不知不覺也兩年多了，能有這麼多人喜歡跟支持，真的是很出乎我的意料也很榮幸（畢竟當時也是一邊上班，一邊利用閒暇時間畫圖），不過這就是人生奇妙的地方吧！誰知道將來會發生什麼事呢？

我在第一本書的簽書會時，分享了許多影響我人生的故事，最後，我送給自己一句話：「把羨慕別人的時間拿來充實自己吧」，直到現在我仍覺得非常受用。畢竟，別人的好總是羨慕不完的，多多充實自己，總有一天有機會嶄露的，是吧？現在，也想把這句話送給你們，希望當你們感到無力、厭世的時候，也能好好沉澱，然後再振作起來出發喔！

有緣的話，我們第三本書再見啦～

參考資料

01)http://www.aidongwu.net/19857.html
02)https://pansci.asia/archives/70895
03)https://en.wikipedia.org/wiki/Alpaca
04)https://dq.yam.com/post.php?id=9306
05)http://dyna3.cksh.tp.edu.tw/~insect/web2014/?q=encyclopedia
06)http://niaolei.org.cn/posts/8468
07)http://jingxuan.guokr.com/pick/17268/
08)https://www.mplus.com.tw/article/1551
09)https://zh.wikipedia.org/wiki/%E7%81%AB%E7%83%88%E9%B8%9F
10)http://www.merit-times.com/newspage.aspx?unid=493479
11)https://www.youtube.com/watch?v=lrRV9t6av6A
12)https://kknews.cc/zh-tw/pet/kr8k8oq.html
13)https://kknews.cc/zh-tw/pet/9mq23j.html
14)https://102clps61217.weebly.com/2022540285303402771420598.html
15)https://www.scientificamerican.com/article/male-panda-sex-drive/
16)https://www.guokr.com/post/443115/
17)https://3g.163.com/v/video/VO3IHS35J.html
18)https://ppt.cc/faMA7x
19)https://en.wikipedia.org/wiki/Black_swan
20)https://dq.yam.com/post.php?id=8150
21)https://pansci.asia/archives/17421
22)https://pansci.asia/archives/75579
23)https://ppt.cc/fLqfQx
24)https://ppt.cc/fhMPAx
25)https://wenku.baidu.com/view/9b5e283f5727a5e9856a6117.html
26)https://kknews.cc/zh-tw/science/gb4q639.html
27)https://ppt.cc/f43Bgx
28)https://ppt.cc/ftuglx
29)https://read01.com/zh-tw/kEjzBd4.html#.XBFhkBMzaqc
30)https://pansci.asia/archives/117041
31)https://ppt.cc/f3dF6x
32)https://case.ntu.edu.tw/blog/?p=27342
33)https://pets.ettoday.net/news/262085
34)http://www.loverabbit.org/candy/prodshow.asp?ProdId=201051919114639
35)https://www.guokr.com/article/52075/
36)https://newtalk.tw/news/view/2017-04-14/84565
37)https://news.ftv.com.tw/AMP/News_Amp.aspx?id=2018813W0009
38)https://www.natgeomedia.com/news/ngnews/78653
39)https://www.wsm.cn/dongwushijie/niao/53713.html
40)https://www.zhihu.com/question/20631542
41)https://www.mdnkids.com/101wonder/11.shtml
42)https://www.zhihu.com/question/308718347
43)https://pansci.asia/archives/64369
44)https://www.natgeomedia.com/news/ngnews/52320
45)https://pansci.asia/archives/15968
46)http://www.gina-rabbit.net/rabbit/hrs/health/eye.htm
47)https://v.qq.com/x/page/u03254awxhb.html
48)http://sa.ylib.com/MagArticle.aspx?Unit=columns&id=837
49)https://teia.tw/zh-hant/natural-valley/species/11356
50)https://ppt.cc/fZ9x6x

生物課隨堂測驗

Q1 外表呆萌無害，但千萬不可以隨便招惹的是？（複選）

Q2 無法好好睡個好覺的動物？（複選）

Q3 他們口中的美食，其他人無法消受的是？（複選）

Q4 育兒術與眾不同的動物是誰？（複選）

1: 河馬（P.91）/ 鴕鳥（P.97）　2: 斑馬（P.51）/ 大象（P.99）
3: 無尾熊（P.85）/ 狗（P.45）　4: 兔子（P.104）/ 北美負鼠（P.102）

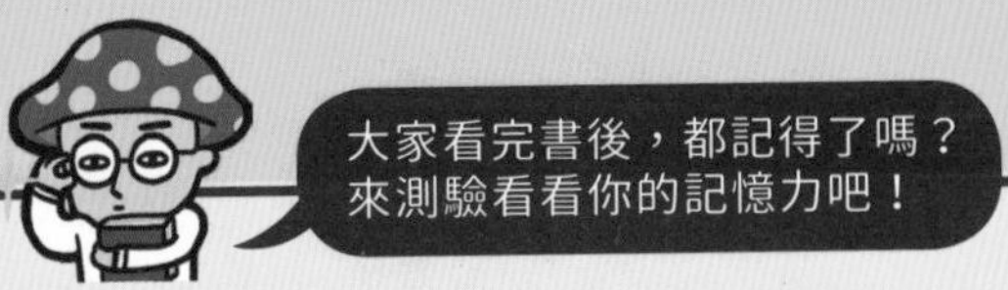
大家看完書後，都記得了嗎？
來測驗看看你的記憶力吧！

Q5 擁有最強視力和視角的動物是誰？（複選）

Q6 請指出五官功能跟別人不太一樣的是誰？（複選）

Q7 怕老婆俱樂部的大咖級人物是誰？

Q8 以為很專情其實超花心的代表是誰？

5: 貓頭鷹（P.20）/ 兔子（P.114） 6: 螳螂（P.64）/ 蝴蝶（P.36）
7: 獅子（P.94） 8: 鷿鷈（P.68）

森林探險
大富翁！
遊戲人數：2~4人 遊戲方法：輪流擲骰子，先到達終點者勝利
START
起點
1
2
3
4
貓頭鷹帶你飛
前進到
第15格
5
6
7
不小心踩到
裝死的負鼠
退回起點
8
記得先到最後一頁把骰子和角色旗子剪下來呦！
24
百萬猜謎挑戰賽
闖關失敗
後退3格
25
26
得到袋熊的
方形便便一枚
也不能幹嘛
27
28
29
30
餵兔子吃紅蘿蔔
害牠中毒
後退9格
31
32

9
10
鴕鳥相助
再擲一次
骰子
11
12
13
逼大象跳跨欄
害牠骨折
後退3格
14
幫助蝙蝠
排解糾紛
前進1格
15
16
17
被沫蟬的
泡泡包住
暫停1次
18
19
20
和蛇賽跑慘輸
退回起點
21
22
協助守護
睡覺的斑馬
前進8格
23
33
不聽蝴蝶勸阻
買了難吃水果
後退6格
34
35
幫無尾熊寶寶
餵食大便
前進3格
36
37
惹火羊駝
被吐了一身
後退8格
38
39
40
學啄木鳥啄木
結果腦震盪
暫停1次
END
終點

如果生物課都這麼ㄎㄧㄤ（鏘）！

【動物知識噴笑漫畫】豬狗貓激萌演出，笑到你滿地找頭！

圖/文：10秒鐘教室(Yan)

GRAPHIC TIMES 13

作　　者　10秒鐘教室(Yan)
社　　長　張瑩瑩
總 編 輯　蔡麗真
美術設計　10秒鐘教室(Yan)

責任編輯　莊麗娜
行銷企畫　林麗紅
出　　版　野人文化股份有限公司
發　　行　遠足文化事業股份有限公司
（讀書共和國出版集團）
地址：231新北市新店區民權路108-2號9樓
電話：(02) 2218-1417
傳真：(02) 86671065
電子信箱：service@bookrep.com.tw
網址：www.bookrep.com.tw
郵撥帳號：19504465遠足文化事業股份有限公司
客服專線：0800-221-029

法律顧問　華洋法律事務所　蘇文生律師
印　　製　凱林彩印股份有限公司
初　　版　2019年07月03日
初版19刷　2024年07月15日

國家圖書館出版品預行編目（CIP）資料

如果生物課都這麼ㄎㄧㄤ！／10秒鐘教室(Yan)著. -- 初版. -- 新北市：野人文化出版：遠足文化發行，2019.07　160面；15×21公分. -- （Graphic time；13）ISBN 978-986-384-362-7（平裝）
360

108009510

感謝您購買《如果生物課都這麼ㄎㄧㄤ！》

姓　名　　　　　　　　　□女 □男　　　年齡

地　址

電　話　　　　　　　　　　　　　　　手機

Email

學　歷　□國中（含以下）　□高中職　□大專　□研究所以上

職　業　□生產/製造　□金融/商業　□傳播/廣告　□軍警/公務員
□教育/文化　□旅遊/運輸　□醫療/保健　□仲介/服務
□學生　□自由/家管　□其他

◆你從何處知道此書？
□書店　□書訊　□書評　□報紙　□廣播　□電視　□網路
□廣告DM　□親友介紹　□其他

◆您在哪裡買到本書？
□誠品書店　□誠品網路書店　□金石堂書店　□金石堂網路書店
□博客來網路書店　□其他＿＿＿＿＿＿＿＿＿＿

◆你的閱讀習慣：
□親子教養　□文學 □翻譯小說 □日文小說 □華文小說 □藝術設計
□人文社科　□自然科學　□商業理財　□宗教哲學 □心理勵志
□休閒生活（旅遊、瘦身、美容、園藝等）　□手工藝／DIY　□飲食／食譜
□健康養生 □兩性 □圖文書／漫畫 □其他

◆你對本書的評價：（請填代號，1. 非常滿意　2. 滿意　3. 尚可　4. 待改進）
書名＿＿＿封面設計＿＿＿版面編排＿＿＿印刷＿＿＿內容＿＿＿
整體評價＿＿＿

◆希望我們為您增加什麼樣的內容：

◆你對本書的建議：

廣　告　回　函
板橋郵政管理局登記證
板 橋 廣 字 第143號

郵資已付　免貼郵票

23141
新北市新店區民權路108-2號9樓
野人文化股份有限公司 收

請沿線撕下對摺寄回

野人

如果生物課都這麼ㄎㄧㄤ！

圖／文：10秒鐘教室(Yan)

GRAPHIC TIMES 013

附錄
森林探險大富翁！
選我就對啦～我是主角！
選我啦！拜託！
我這麼可愛，不選嗎？
有我幫忙是你的福氣喔！
1P
蘑菇博士
2P
小翔
3P
發哥
4P
朱美美
這些是我的大便。
將角色剪下來後，就可以遊玩P.154的森林探險大富翁囉！